地球の危機をさけぶ生きものたち❸

砂漠（さばく）が泣（な）いている

写真・文●藤原幸一

少年写真新聞社

もくじ

はじめに　3

❶砂漠のふしぎ　4

◉どうして砂漠ができるのか　5
◉岩石砂漠・れき砂漠・砂砂漠・土砂漠・氷の砂漠　6
◉いろいろな砂と模様　7
◉もうれつな暑さと氷点下の夜　9
◉砂漠にさく花たち　10
◉塩の湖　11
◉砂漠の一生　12
解説：ヤギがなる木　13

❷世界の砂漠をたずねて　14

◉アタカマ砂漠　15
◉デスヴァレー　18
◉オーストラリア砂漠　20
◉オーストラリアの白い砂漠　23
◉ナマクワランドとナミブ砂漠　24
◉ゴビ砂漠　27
◉サハラ砂漠　29
◉パタゴニア砂漠　31
解説：砂漠で水をつかまえる　33

❸森や町が砂漠にのみこまれる　34

◉なぜ砂漠は広がっているのか　35
◉地球温暖化と砂漠　36
◉砂漠に移り住む人びと　37
◉森が砂漠になる　39
◉マダガスカルが砂漠に　40
◉砂漠にてきした作物　41
解説：プラントハンター　42

世界の主な砂漠と砂漠化　44
あとがき　46
さくいん　47

はじめに —— ゆたかな砂漠の自然

「砂漠ってどんなイメージですか?」と聞かれたら、

おそらく多くの人が「もうれつな暑さで、砂あらしがふきあれ、

生きものといえばサボテンくらいしかいない、あれはてた土地」と答えるのでは。

もちろん、みなさんが想像するような砂漠もあります。

でも、それはほんの一部なのです。

たとえば世界の砂漠から見れば、砂の砂漠はめずらしい砂漠といってもいいでしょう。

岩や石ころ、土だらけの砂漠のほうが、ふつうの砂漠といえます。

みなさんが想像する以上に、砂漠の自然はゆたかです。

海鳥やアザラシ、オットセイらのとても大きなはんしょく地が、砂漠につくられています。

さらに、季節によってわずかな雨がふったり、きりが立ちこめたりする砂漠では、

1週間ほどのみじかい命ですが、広大な花畑が生まれ、

たくさんの動物たちが集まってくるのです。

今、地球の温暖化や人の活動によって「砂漠化」が世界中で起きてしまっています。

このままだと世界の陸地の半分以上が、砂漠になってしまうかもしれません。

すでに砂漠化が進む土地では、人がくらしていけなくなっているのです。

ゴビ砂漠

❶砂漠のふしぎ

砂漠とは、雨が少なく、水分の蒸発が多い土地です。
そのため、乾燥した気候になり、1年を通して植物の生育がきわめて少ないのです。
砂漠は、1年間にふる雨が200mm以下といわれていますが、
決められているわけではありません。
世界の乾燥地は、大まかに3つにわけられます。
それは、1年間にほとんど雨がふらない極乾燥地、
ふる雨が200mmにみたない乾燥地、
年間の雨の量が200〜800mmの半乾燥地です。

●どうして砂漠ができるのか

　海で生まれた雨雲が海の近くの山をこえる時、大量の雨や雪をふらせた雨雲がなくなり、山の反対側は乾燥した風のえいきょうで砂漠が生まれます。これを「雨陰砂漠」とよんでいます。

　海でつくられた雨雲は、たとえ山がなくても島や大陸の海岸地方で大量の雨をふらせます。その雨雲も長いきょりを移動するうちになくなり、やがて大陸の内陸に砂漠ができます。これが「大陸内部砂漠」です。

　さらに、北極や南極からは、つめたい海流があたたかい赤道の海に向かって流れてきます。つめたい海流はまわりの空気をひやすので、雨雲ができにくくなります。そのえいきょうで、大陸の海岸付近に砂漠ができるのです。そのような「冷涼海岸砂漠」

つめたい海流によって海岸地帯に砂漠ができます

とよばれる砂漠にも、海から「きり」や「もや」が生まれて内陸に移動しますが、それもみじかい時間で消えてしまいます。それでも春になると、きりのえいきょうで花畑が砂漠に生まれるのです。

雨雲がとどかない大陸の内陸に砂漠ができます

●岩石砂漠・れき砂漠・砂砂漠・土砂漠・氷の砂漠

きょうれつな太陽の熱と夜間の急激な気温の低下にさらされる岩は、ぼうちょうと収縮をくり返す「風化作用」で、ぼろぼろにくずれていきます。かわいた岩山だけの地域を「岩石砂漠」とよびます。

雨や風がくずれた岩をけずったり運んだりして、岩は細かくなっていきます。やがて岩から「れき（小石）」だらけになると「れき砂漠」とよばれ、れきがくずれて砂になると「砂砂漠」が誕生します。さらに細かい土の砂漠になると、「土砂漠」とよばれます。

日本人のだれもが想像する砂漠のイメージは、「砂砂漠」でしょう。しかし、「砂砂漠」は世界の砂漠のうちで20％しかないのです。

意外なのが、南極大陸が砂漠だということです。つめたい海流しか流れていない南極では、雨はわず

岩石砂漠

かで雪がふります。それでも年間の平均降水量が海岸地域で200mmほどにしかならず、内陸になるとさらに少なく50mmほどです。

大陸のほとんどが雪と氷におおわれているので、南極は世界最大の「低温砂漠」であり「氷の砂漠」なのです。氷の下には砂が少なく、岩か小石がほとんどです。

れき砂漠

砂砂漠

南極は砂漠の大陸で「低温砂漠」や「氷の砂漠」とよばれています

●いろいろな砂と模様

砂の砂漠では、強い風によって砂のつぶがとび、大きな砂と小さな砂の集まりでできた、さざ波のような模様ができます。これを「風もん」や「砂れん」とよんでいます。

砂の大きさがそろいすぎていると、風もんはできません。また、風が弱くても砂がとばされないので、模様はできないのです。さらに、風が強すぎると、模様はすぐにこわれてしまいます。

砂漠では、ガラスのような砂をよく見かけます。それは、火山によってできた「かこう岩」とよばれる岩がくだけてできた透明な砂で、「石英」ともよばれています。茶色い砂は、鉄分が酸化したものがまざったものです。白い砂は、海の生きものたちがつくった「石灰岩」のかけらです。砂漠は、火山からの砂と海からの砂がまざっていることもあるのです。

砂漠に強い風がふき、砂あらしが起こります。砂つぶがとぶことによって、さまざまな形の風もんがつくられます

強い風で砂のつぶがとび、重くて大きな砂は集まって「みね」になり、小さな砂は「谷」に集まり、さざ波のような模様ができます

●もうれつな暑さと氷点下の夜

　南半球に春がやってきたころに、ぼくは南アフリカとナミビアとの国境に広がる砂漠でくらすナマ族の村をたずねました。

　砂漠に入り、もうれつな暑さをかくごしていたぼくは、大きなまちがいをしたことに気づかされました。日本の冬と同じような服装をしたナマ族の人たちに、出むかえられたのです。砂漠でも、秋のおわりから冬と春のはじめにかけては、セーターや毛糸のぼうしがかかせないというのです。

　砂漠はとても乾燥しているので、夏の日中は当たり前のように40℃以上の暑さになります。しかし、夜にはあたためられた熱のほとんどが空ににげてしまうので、急にひえこんできます。1日の気温の差がはげしいのも砂漠のとくちょうです。とくに冬の夜には、世界のほとんどの砂漠で氷点下の日がやってきます。

気温の差がはげしい砂漠でくらすナマ族の子ども

●砂漠にさく花たち

　冬から春にかけて砂漠に雨がふったり、きりが立ちこめたりすると、想像もつかない景色があらわれます。乾燥しきった、からからの砂漠一面に、色とりどりの花畑が広がるのです。それらは、土や砂の中で種としてねむり、根や多肉の茎で生きのびてきました。

　砂漠の花畑を見わたすと、かれんな花のどれもが、地にはりつくようにしてさいているのに気づきます。かわききった砂漠では、茎を成長させる水や養分も、時間もないのです。大急ぎで花をさかせて新しい種をのこし、すぐにかれてしまいます。

　日本の花屋でもよく見かけるアルストロメリアやマツバギク、アロエ、プロテア、ガザニアなどのように、人気がある園芸植物の多くが、実は砂漠にさく植物なのです。砂漠で育つ植物は、水も少なくてすむので育てやすく、世界中に広まっています。遠くの砂漠も、ぼくたちのくらしと、意外なところでつながっているのです。

乾燥した砂漠にも、春になると色とりどりの花がさきます

●塩の湖

飛行機から砂漠をながめると、たくさんの白い湖やぬまを発見できます。湖やぬまといっても、水が蒸発してしまって、塩のけっしょうだけがのこっているのです。

砂漠で見られる塩はその昔、氷河期に海面が上昇した時や、海のそこがもり上がって陸になったりした時に、陸にとじこめられた海水からもたらされたものです。そういった塩の地形を「ソルト・パン（塩のなべ）」とか「プラヤ（岸）」とよんでいます。

砂漠にもみじかい期間ですが、雨がふる季節があり、その時だけソルト・パンは水をたたえた湖やぬまにもどるのです。雨は、土の中にふくまれる塩をとかしながら、ひくいところにあるソルト・パンに流れこみます。

今、世界の人口がふえて、人が砂漠に移住してきています。生活するために地下から水をくみあげ、ウシやヒツジが食べる牧草や作物を育てるために、毎日のように砂漠に大量の水をまくことになります。そうすると、まいた水によって地中の土や砂が、まるですいとり紙のような役割をはたし、水にとけた塩がじょじょに地表にしみ出してきてしまいます。そのせいで、牧草や作物がうまく育たなくなってしまうのです。塩におかされた土地がふえてしまう、悪じゅんかんが起きています。

砂漠で見られる塩の湖。塩はその昔、この砂漠が海の中にあったことをものがたっています

●砂漠の一生

日本が縄文時代だったころとほぼ重なる、今から1万2000年前から5000年前にかけて、サハラ地域は雨の多い気候で、森と草原の大地でした。そこには大河が流れ、水鳥や魚、カバなどがいて、ゆたかな森にはたくさんの野鳥やサルなどがくらしていました。

やがて世界的な寒さが広がり、水蒸気の量がへって雨雲ができにくくなり、乾燥が始まりました。サハラはだんだんと砂漠になっていったのです。かつてサハラの森でくらしていた生きものたちの一部は、今でもアフリカ大陸の北にある地中海近くの森で見られます。

地球の大きな気候変動により、サハラは今までに

ゆたかな森にはたくさんの野鳥もいました

「砂漠」と「緑の大地」を何度もくり返してきています。それはサハラだけのことではありません。世界中の砂漠でも、同じような変化の歴史があるのです。

かつてサハラが緑だったころの森にもくらしていたバーバリーマカク。ニホンザルのなかまで、モロッコ北部の森にくらしています

解説 ヤギがなる木

　アフリカ大陸の北西に位置するモロッコは、サハラ砂漠の北にあり、北側の海岸線は地中海に面しています。

　モロッコには、ふしぎな砂漠の木があるといいます。砂漠にくらすベルベル人だけが育てていて、世界中にそこにしかない木だというのです。町で聞いてみると、やはり有名なことらしく、「それはアルガン・ツリーだよ。でもね、『ヤギがなる木』ともいうよ」と教えてくれました。

　さっそく乗り合いバスで2時間ほど西にあるスース谷に向かうと、高さ10mほどの太くごつごつした木があらわれてきました。アルガン・ツリーです。木には、梅のようなたくさんの果実をつけていました。

　30分ほどして、木の上にいくつもの白い物体が乗っているのが見えてきました。このことか！「ヤギのなる木」とは……。

　たくさんのヤギがアルガン・ツリーによじ登って、葉や果実をいっしょうけんめいに食べていたのです。砂漠なので、地上にはほとんど食べられそうな草もなく、アルガン・ツリーはヤギにとって貴重な食料になっていたのです。

　「アルガン」とは、スース谷周辺でくらすベルベル人の言葉からきていて、アルガン・ツリーの種からとれる油のことです。1000年以上も前の薬学書に書かれているほど、古くから砂漠の薬として使われてきたのです。

　スース谷は、1年間の雨の量が100〜200mmほどの土砂漠です。樹れいは50年以上のものがほとんどで、中には250年にもなる木があるといいます。

　ヤギはベルベル人にとって、チーズをつくったり、肉を食べたり、売って現金収入にもなる、大切な家畜です。とはいっても、ヤギがアルガン・ツリーの葉や熟す前の果実まで食べてしまうため、貴重なアルガン油をつくるにはさまたげになっているようです。

　アルガン油は、伝統的に皮ふ病の薬などに使われてきました。さらに老化防止やはだの保湿などに効果があることがわかり、ここ10年ほどでアルガン油は世界の化粧品の分野で、人気のまととなっています。砂漠の民ベルベル人がつちかってきた知識が、世界中に広まったのです。

アルガン・ツリーによじ登るヤギたち

共同でアルガン油をつくるベルベル人

❷世界の砂漠をたずねて

砂漠は砂だらけの何もない荒野なのでしょうか？　それはまちがいです。

たとえ砂漠であっても春になると、

海からのきりで、何千種もの植物が花をさかせます。

その花畑で、ジャッカルやカメ、トカゲなどに出合うでしょう。

花のみつをすうトリやチョウ、ガ、アリもいて、

砂漠にはとてもゆたかな自然があるのです。

今地球の温暖化などにより、砂漠に異変が起きています。

砂漠にくらす人びとにうえが広まり、

野生の生きものたちの絶滅が心配されています。

●アタカマ砂漠

チリは南米大陸の南のはしから太平洋の岸ぞいを北に、ヘビのように4000km以上ものびる細長い国です。5000m以上もの高山からなるアンデス山脈が南北につらなり、山脈の西側にかわききった砂漠、アタカマ砂漠があります。

太平洋のおきを、南極からやってきたつめたいフンボルト海流が、赤道をめざして流れています。そのえいきょうで、海から陸に向かう上昇気流が弱く、雨雲が生まれにくいのです。

チリのラ・セレナから北にあるペルーとの国境までの1800kmを、アタカマ砂漠とよんでいます。アンデス山脈と海岸の山地によって空気がとじこめられているために、世界でもっとも乾燥した砂漠になっているのです。

国境をこえてペルーに入るとペルー砂漠という名前にかわり、1500kmもつづいています。アタカマ砂漠の平均標高は2000mにもなり、銅や銀、リチウムなどの鉱物がほうふに見つかっています。

かわききったアタカマ砂漠にも、春になると花畑があらわれます。つめたい海からふき上げられる「カマンチャカ」とよばれる海ぎりの水分を感じて、花をさかせているのです。カマンチャカによってつくられる花畑を「ロマス」とよんでいます。カマンチャカは海から内陸へぼん地をつたわって流れるので、砂漠のどこにでも花畑が生まれるわけではありません。砂漠の地形に左右されるのです。

ロマスは時に、数十kmから100kmもへだてて砂漠にあらわれるので、まるで海でこりつした島のようです。そのえいきょうでロマスの植物たちの中には、地球上にそこでしか見られない進化をとげているものが見られます。

世界でもっとも乾燥した砂漠の1つであるアタカマ砂漠

かわききったアタカマ砂漠にも、春になると花畑があらわれます。パタ・デ・グアナコとよばれるスベリヒユ科の植物です

海のきりによってあらわれる花畑を「ロマス」とよんでいます。花は1週間ほどで終わり、種をつくってかれていきます。1年後にその種は

バクイータとよばれるコガネムシが植物の茎を食べています

ビクーニャは1年を通して砂漠でくらしています

きりを感じて、また花をつけるのです

17

●デスヴァレー

　2015年の秋、大雨がつづいたえいきょうで、砂漠に花畑があらわれる「スーパーブルーム」とよばれる現象が、北アメリカ砂漠の1つであるカリフォルニア州とネバダ州にまたがるデスヴァレーに起こりました。この「死の谷」とよばれる国立公園は、アメリカでもっとも暑く、1年の降水量が70〜100mmほどしかない、きわめてかわいた砂漠です。

　前回スーパーブルームが起こったのは、2005年。その年に、ぼくは日本をたち、デスヴァレーに向かったのです。ハイウェーから見えてくる景色は、はじめは、かたまりやうちわの形をしたサボテンや、柱のような多肉の植物が石のまじった砂の上にあらわれて、いかにも砂漠の風景でした。でも、白い砂漠があらわれたあたりから、色あざやかな花畑が見えてきました。調べてみると900種をこえる植物が、広大な砂漠で花をさかせていたのです。白く見えたところは塩がたまった「プラヤ」という平地です。

　この砂漠には「動く岩」や「はん走する石」とよばれる、世にもふしぎな岩石があることで知られています。それはひとりでに動く岩のことです。冬に雨がふるとプラヤに氷がはり、そこへ強風がふくと氷がわれ、岩石が動き出すというのです。動き出した岩石に氷の破片がついていて、まるではん船のように風を受けてすべりつづけるのです。

強い風を受けて、ひとりでに動く岩

1年の降水量が70〜100mmほどしかないデスヴァレー

900種をこえる植物が、砂漠で花をさかせます。花の受粉のために昆虫があらわれ、その昆虫を食べるトカゲも砂漠で生きています

●オーストラリア砂漠

　オーストラリアは世界でもっとも乾燥した大陸です。オーストラリア東側にグレートディヴァイディング山脈が南北につらなり、山脈の西側に「アウトバック」という乾燥した大地が広がっています。
　大陸の乾燥している一帯を、オーストラリア砂漠とよんでいます。その広さは、日本全土の14倍にもなります。大陸全体の70％をしめていて、砂丘と塩の湖、水が流れていない川が広がります。
　北の熱帯で生まれた雨雲が南に向かい、海岸地域に雨をふらせ、さらに南に流れると雨雲が消えてしまい、内陸から乾燥気候にかわります。また、南極からやってくるつめたい西オーストラリア海流が、大陸の西海岸を北に向かって流れています。そのえいきょうで、海から雨雲が生まれにくくなり、海岸地帯も砂漠になっているのです。
　大陸の中央部を中心に、乾燥した空気のかたまりが1年中大陸をおおっています。大陸の中心へ向かうほど乾燥していて、年間降水量が150mmにもなりません。大陸北部の砂漠はとくに暑く、年間降水量が500mmほどですが、水分の蒸発量がとても多いのです。南部の砂漠は降水量が300mmと少なくなりますが、蒸発量もとても少ないのがとくちょうです。

砂漠の中の巨大な1枚岩ウルル。かつてエアーズ・ロックとよばれていました。今は先住民の聖地として保護されています

先住民アボリジニの言葉で「砂岩」を意味する山やま「バングル・バングル」。夏にわずかな雨がふる半乾燥地にあります

岩はだにのこされた先住民のへき画

温度差がはげしい砂漠では岩がくだかれ、砂や土がつくられます

砂漠の先住民が使う楽器の1つ「ディジュリドゥ」。これは、シロアリに食べられてつつ状になったユーカリの木でできています

砂漠にくらすヤモリ

マメ科の植物デザート・ピー。春になると砂漠にさき始めます

アオジタトカゲは、花の季節には花びらをこのんで食べます

●オーストラリアの白い砂漠

オーストラリアの内陸砂漠は赤茶色の岩や砂が多いのですが、砂漠が海にたっした南部や西部の海岸では、広大な白い砂漠をよく見かけます。

西部の白い砂漠には、海で生まれた石灰岩が海でくだかれて、白い砂になったところがあります。また南部では、火山から生まれたかこう岩がくだけた石英の白い砂から砂漠がつくられています。白い砂漠の多くは、内陸で鉄分を多くふくんだ赤茶色の砂漠とつながっています。

内陸から川によって、石英をふくんだ砂が海に運ばれていきます。海岸にそって流れる海流によって、海岸近くまで流されてくるのです。その間に石英以外の鉱物はくだけちり、海水にまざってしまいます。かたい石英の砂つぶは海岸に打ち上げられ、白い砂漠をつくるのです。たくさんの砂は強い風でふきとばされ、大きくうねる砂丘となります。

強い風で砂がつねに動き、植物が生えるのはむずかしい砂漠です

川から運ばれた、かたい石英の砂つぶがつもった白い砂漠。オーストラリアの南や西海岸でよく見られます

●ナマクワランドとナミブ砂漠

　ナマクワランドは、アフリカのナミブ砂漠の南から南アフリカ北西に広がる、南北1000km以上の岩石砂漠です。南アフリカの砂漠をリトル・ナマクワランドとよび、ナミブ砂漠南側のグレイト・ナマクワランドとわけています。

　ナマクワランドとは「ナマ族のくらす土地」。ナマ族はこの土地でウシとヤギを放し飼いしながら生活しています。年間降水量わずか150mmほどの不毛の土地ですが、南米アタカマ砂漠と同じように、春をむかえる9月に花畑があらわれます。

　早朝、春のおとずれを知らせる「きり」が海からやってきます。雨の少ないこの地では、きりで植物が芽生え、花をさかせるのです。岩石砂漠に花をさかせる野生の植物は4000種にものぼります。

　ナミブ砂漠は、北はアンゴラとの国境付近から始まり、長さ1288km、東西ははば48kmで、主に砂砂漠です。今から5500万年〜8000万年前から大きくなったり小さくなったりをくり返しながらも、世界でもっとも古い砂漠として存在してきました。ナミブ砂漠とナマクワランドを合わせると、日本全土の1.3倍ほどです。

　最近、都市での人口がふえすぎて、たくさんの人が砂漠に移り住んでいます。移住してきた人たちは地下水をくみあげて、家畜や作物を育てて生活しているのです。大量にまかれた水により塩の害が起き、ふえすぎた家畜は、少ない砂漠の植物を食べつくしています。これにより半乾燥だったところが、乾燥地帯におきかわっています。

かわいた岩山がとくちょう的なナマクワランド。このかわいた大地も1年に一度、広大な花畑があらわれます

世界でもっとも古い砂漠といわれているナミブ砂漠

岩石砂漠の環境で木に進化をとげたアロエ

花の季節になるとたくさんの動物たちが集まります。砂漠は想像以上にたくさんの動植物にみちあふれているのです

●ゴビ砂漠

　ゴビ砂漠は、中国の内モンゴル自治区からモンゴルにかけて広がる、日本全土の3.4倍にもなる砂漠です。ゴビ砂漠は北と南に大きな山脈があって、雨雲が山脈にさえぎられるために、乾燥した土地となっています（P.2-3写真）。とはいっても、1億5000万年前ころのゴビ砂漠は、針葉樹の高い木ぎがおいしげった森でした。そこで恐竜がたくさんくらしていたことが、化石からわかっています。

　数百年前までゴビ砂漠には、野生のフタコブラクダが何十万頭もくらしていたといいます。今はモンゴルと中国を合わせても、1000頭たらずしか生きのこっていません。毛皮をとるためや食料として人に殺されたり、家畜にされたりしてへってしまったのです。

　最近では鉱山の開発がさかんに行われ、ラクダの生息地が破壊されつづけていて、絶滅が心配されています。

　モンゴルではヒツジやヤギ、ウシなどがふえすぎて、植物を根こそぎ食べつくすことで砂漠化が起こっています。それだけではなく、地球温暖化などによる気温の上昇でより強い乾燥気候になり、砂漠が拡大しているのです。

ゴビ砂漠の北にある半乾燥地では、伝統的な遊牧生活が行われています

野生のフタコブラクダは1000頭たらずしか生きのこっておらず、絶滅が心配されています

半乾燥地では人がふえることによって家畜の数もふえ、少ないエサである植物が食べつくされ、砂漠化が始まっています

半乾燥地からゴビ砂漠にかけて、資源開発が大規模に行われ、環境破壊が心配されています

●サハラ砂漠

　サハラ砂漠は南極をのぞくと、日本全土の26倍にもなる世界最大の砂漠です。その広さはアフリカ大陸の3分の1をしめています。海から気流によって運ばれた雨雲が陸に雨をふらせて、その気流が内陸にあるサハラ砂漠に着くころには雨雲もなくなり、空気が乾燥してしまうのです。

　サハラ砂漠というと、ラクダや砂砂漠を想像するかもしれませんが、砂砂漠は全体の20〜30％ほどで、小石が広がるれき砂漠がサハラの風景なのです。

　急激な人口の増加やかんばつにより、砂漠化は急速に進んでいます。サハラの南にある半砂漠気候の「サヘル」は、世界でもっとも砂漠化が進んでいる地域です。

　現在、サヘルではおよそ1億人の人がくらしています。それが2050年には3億5000万人になるとみられているのです。そうなれば、水や食料がもっと必要になり、砂漠化がこのまま進めば、農作物をつくることができる土地がへりつづけてしまいます。さらに人だけではなく、植物がなくなってしまうと、野生動物もくらしていけなくなるのです。

サハラ砂漠は、日本全土の26倍にもなる世界最大の砂漠です

サハラ砂漠の北に見られる岩石砂漠

人がくらすサハラ砂漠では、プラスチックのごみ問題が起きています

オアシスの水をもとめてさまようヒトコブラクダ

●パタゴニア砂漠

　南米アルゼンチンの首都ブエノスアイレスから、飛行機で2時間ほど南に、砂あらしで有名な砂漠の町、トレレウがあります。そこはパタゴニア砂漠の東のはしにあり、年間の降水量が165mmほどです。砂漠は大西洋の海辺から西のアンデス山脈まで広がっています。太平洋で生まれた雨雲がアンデス西側に雨をふらせ、東側でかわいた風にかわり誕生した雨陰砂漠です。その大きさは日本全土の1.8倍ほどです。

　気温はめったに12℃をこえず、年間平均でわずか3℃の寒冷な砂漠です。年間降水量は200mm以下ですが、夏にまとまって雨がふるために、草原があらわれます。

　乾燥気候にもかかわらず、思いのほかたくさんの野生動物、ダーウィンレアやピューマ、マーラ、アルマジロ、マゼラニックペンギンなどが見られます。アンデスから流れてくる川によってできた湖があり、水草や固有の植物が生育しています。

海でつくられた石灰岩の岩がくだけ、砂漠の砂や土になっています

パタゴニア砂漠(さばく)にあるマゼラニックペンギンのはんしょく地

貝の化石が山のしゃ面に見えています。かつて砂漠(さばく)が海の中にあったあかしです

解説 砂漠で水をつかまえる

アタカマ砂漠では、何十年もまったく雨がふらなかった地域がたくさんあります。サハラ砂漠の中央部とともに、世界でもっともかわいた砂漠といわれています。毎週川が流れる町から水をつんだトラックが砂漠にやってきて、人びとはその水にたよってくらしてきました。

車でアタカマ砂漠を北に走っていた時、左側にかわいたおかが見えてきました。そのおかの向こうには、太平洋があります。おかの上に何かきらきら光る四角いものが何個も見えてきました。その光るものをふしぎそうにながめていると、となりで運転しているチリ人のドライバーが「あれで水をつかまえるんだよ」といい始めたのです。

太平洋で生まれたきり、カマンチャカは内陸に向かいます。きりは集まると雨雲にもなりますが、この砂漠のきりはふだん地上にひくく立ちこめるだけで、雨にはなりません。きりはとても軽く、小さな水てきでできています。

科学者のカルロス・アランシア教授は、チリ大学

砂漠でくらす人たちにとって貴重な水を運ぶトラック

を退職したあと、「きりをつかまえる」ことを思いつきました。きりの中の小さな水てきをとらえるために、あみ目の細かいネットをつくったのです。

ネットにくっついたきりの水てきは、ネットの下に集められて、パイプを通して水タンクに流れこんだり、小さなチューブを通って植物の根元に流れたりします。自然のきりを使って砂漠の人びとに、水をあたえることに成功したのです。砂漠にある村の家や畑に水を提供したおかげで、畑を広げることができ、生活がゆたかになってきています。

チリで生まれたきりをつかまえる技術は、今ではペルーやメキシコ、グアテマラ、モロッコなどの砂漠でも利用されるようになりました。

あみ目の細かいネットできりをつかまえて水をつくり、細いホースをつたわって、植物の根元に点てきされます

❸森や町が砂漠にのみこまれる

砂漠化が世界中で起きています。
砂漠化とは、サバンナや半砂漠のような雨が少ない地域で植物がなくなって、
さらにかわいた気候になってしまうことをいいます。
もう1つのできごとは、熱帯雨林が破壊されて、
乾燥した砂漠のような大地になってしまうことです。
砂漠化は地球の温暖化をふくめ、人が原因で起きているのです。
砂漠にくらす人がふえて、塩の害や少ない木の伐採、
植物が家畜に食べつくされたりしています。
砂漠化が進むと、人も住めなくなってしまうのです。

●なぜ砂漠は広がっているのか

　毎年春ごろになると、西から黄砂が日本にとんでくることが話題になります。中国の内モンゴルや、モンゴル共和国に広がる草原の砂漠化が原因とみられています。中国では砂漠化が、北京にまでおよんでいるのです。アフリカのサハラ砂漠南部にある、半砂漠地帯であるサヘルでの砂漠化も深刻です。

　砂漠化は世界中に広がっています。現在、砂漠になりそうな地域を数えると、地球上のおよそ4分の1になるといいます。国際連合の調査では、毎年約6万km²もの広さで砂漠化が進んでいるのです。

　なぜ砂漠が広がっているのでしょう。その原因の1つに地球の温暖化があります。また、砂漠でふえつづける家畜が植物を食いあらし、二度と生えてこなくなっています。草原や少ない森の破壊によって、野生動物もいなくなっているのです。さらに、砂漠に水をまくことで、地中からあらわれる塩によって、何も作物が育たなくなってしまいます。どれも、人によって引き起こされたことです。

　砂漠化により人がくらせなくなり、うえや病気が広まって、生活がなりたたなくなってしまいます。それが原因で、水や食料を手に入れるためにあらそいが起きることが心配されています。

半乾燥地での森の伐採や、家畜による食べつくしによって砂漠化が起きています。そういった地域は、地球上の4分の1になります

●地球温暖化と砂漠

　大量の酸素を生み出し、「地球の肺」とよばれるアマゾン熱帯雨林をかかえる南米ブラジルで異変が起きています。地球温暖化によって、大西洋の海水温が上がり、さらに、違法な森の伐採や焼き畑もえいきょうして、洪水とかんばつがくり返されているのです。北東部の高地は最悪の場合、100年後に砂漠になるとの予測もされています。

　地球温暖化で砂漠化が進むと、植物が生育できない不毛の土地となってしまいます。砂漠化した土地がふえれば、その分だけ植物の全体量がへるので、植物によってつくられるはずの酸素がへり、逆に使われない二酸化炭素が、地球温暖化をより進めることになります。つまり、砂漠化は地球温暖化の原因となりうるのです。

　北極地方にも砂漠化が見られます。アメリカのアラスカ州西部の森に、砂漠のような砂丘があらわれたのです。森の地面の下にはこおった土があり、それがとけてひくい土地に水がぬけたりして、じょじょに乾燥してつくられた可能性があるといわれています。地球温暖化が進むと、こうした北極地方の砂漠がふえていくのかもしれません。

砂砂漠にのみこまれる森。地球温暖化によって、風の向きや強さがかわり、砂の移動に変化が起きているからです

●砂漠に移り住む人びと

　人口がふえつづける都市から、砂漠に移り住む人たちがふえています。砂漠に移住した人たちは、ヤギやヒツジ、ウシを飼い始めます。放し飼いなので、砂漠の少ない植物を根こそぎ食べつくしてしまうのです（P.1写真）。

　また、人は燃料にまきを使うので、砂漠のかぎられた樹木を切りたおしてしまいます。そうして植物がなくなり、植物をうしなった地表は風で土がとばされて、地形がかわってしまいます。雨がやってくると、たちどころに浸食されて、家の土地も畑もこわされてしまうのです。

　さらに移住した砂漠には風車がたてられ、地下から水をくみ出します。もともと塩がまざっている水にくわえ、まちがった水の使い方で地面に塩がたま

都市で人がふえつづけ、砂漠に移り住む人がふえています

り、農業ができなくなってしまいます。

　また、砂漠化の大きな原因には、そこに住んでいる人びとのまずしさと、都市や砂漠での人口が急激にふえているといった現実があるのです。

砂漠での人口が急激にふえたため、環境破壊が進んでいるのです

砂漠でくらすには水が必要になり、風車で地下水をくみ上げています。水を大量に土地にまくと、塩の害が起きてしまうことがあります。
南アフリカ・ナマクワランドに春がおとずれ、砂漠が花畑にかわります

●森が砂漠になる

　たくさんの動物や植物が見られる熱帯雨林がこわされ、植物の生育にてきさない土地にかわってしまう砂漠化が起こっています。二酸化炭素を生み出す熱帯雨林の砂漠化は、とても深刻な問題です。

　植物は、栄養をほうふにふくんだ土に根をはって生育しています。とはいえ、その土のあつさは、ほんの数十cmなのです。ゆたかな土の下には、酸化した赤土のやせた大地があるだけです。この表面の土が、いったんはげしい雨や風がやってくると、かんたんに流されてしまうのです。地面をおおっていた森がなくなり、はげしい雨で養分をたくわえたうすい表土が流されてしまうことを、「浸食」とよんでいます。

　ミャンマーで森の砂漠化が進んでいます。2010年から2015年にかけて5460km²もの森が伐採されました。これは東京ドームおよそ11万個分の広さ

砂漠化が進むアマゾン

になります。のこされた森は今や、国土の25%にしかすぎません。

　さらにミャンマーでは、まきや木炭などが重要な燃料として使われています。それは国内全体の燃料のうちの81%をしめているのです。伐採されたあとの土地は浸食されることによって、さらに砂漠化が進んでいます。

伐採されたミャンマーの森

●マダガスカルが砂漠に

　上空から見るマダガスカルは、赤茶けてあれはてた大地がはてしなくつづき、夕日にてらされて、浸食が進んだ山やまをより入りくんだ模様にしていました。

　マダガスカルの3分の1をしめる中央高地は、かつて原生林におおわれていました。絶滅した巨大な鳥、エレファントバードがその350～500kgもの巨体を、2本の足でささえて森を歩き回っていたのです。人がくらし始めて、伐採と森を焼いて行う農業によって森が消え、エレファントバードやたくさんの野生の生きものたちが絶滅してしまいました。さらに、今では砂漠化が進み、草木をなくした山はだの浸食がいたいたしく見えるのです。

　森が伐採されたあとにあれ地に草が生えてきて、それを放し飼いにされた家畜が食べています。森をつくっていた木の発芽があっても、すぐに家畜に食べられてしまうので、森の復活はのぞめないのです。

　さらに、森が水をたくわえる機能がうしなわれてしまい、乾期にはすぐに水不足になり、雨期にはふる雨が鉄砲水のようにひくい土地に下って、水田や畑がこわされて、農作物のしゅうかくができなくなってしまいます。

緑の水田に水をもたらす高台の森はすでに伐採され、森が水をたくわえるはたらきがうしなわれ、乾期には水田がひ上がってしまいます

●砂漠にてきした作物

　植物にとって塩は生育をさまたげるため、塩の濃度が高くなった土地で、植物が育つことはできなくなるのです。そのため、塩が出た土地は砂漠化が進みやすくなってしまいます。

　砂漠でつくられる作物は、乾燥に強くなければいけません。また、塩に強い性質も必要になります。このため砂漠でも育つ作物をえらび出したり、つくり出したりする研究が行われています。

　砂漠で作物を育てるためには、水の確保が必要です。砂漠に水はわずかしかありません。少ない水をいかに効率よく使うかが大切です。このために、チューブから作物の根元にぽたぽたと水をあたえる「点てきかんがい」という技術が開発されています。作物だけに少量の水があたえられているので、土の中の塩が上昇してくることをふせげるのです。

　たとえば、塩に強い作物として、ガラパゴストマトがあります。トマトは、ガラパゴス諸島や南米大陸のエクアドルやペルー、ボリビア、チリのアンデス山脈高原地帯を原産とする、ナス科ナス属の植物です。今までに12種のトマトの野生の種が発見されています。ガラパゴスでは、そのうちの2種が生育しています。

　ガラパゴストマトの完熟した実は、とてもあまくておいしいのです。その分布は海ぞいにまで広がり、海水のしぶきがかかっても元気に育ちます。このような生態を生かすことで、塩の害になやまされている世界中の砂漠や海岸地帯の土地で、トマトさいばいができるようになる可能性があるのです。ガラパゴストマトだけではなく、品種改良によって乾燥に強い作物をつくる研究が、世界中で進められています。

乾燥した塩分の多い海岸地帯でも生育している、ガラパゴストマト

ガラパゴス諸島の海岸地帯は乾燥していて、年間100mmほどの雨しかふりません

解説 プラントハンター

　植物を収集する人を、プラントハンターとよんでいます。プラントハンターたちによる、世界の砂漠で絶滅が心配されている植物の、違法な採集が問題となっています。

　プラントハンターとは、もともと1600年代からヨーロッパでかつやくした人たちで、まだ発見されていない未知の植物をさがして世界中を旅していました。食料になったり香料や薬などに利用できたりする植物や、観賞用植物の新種を世界中で発見して、ヨーロッパにしょうかいしたのです。イギリスやオランダなどの王族や民間企業が、プラントハンターを世界中にはけんしていました。江戸時代に、アメリカ人のペリーが黒船で日本にやってきた時も、2名のプラントハンターが船に乗っていて、日本で植物を採集したといわれています。

　砂漠で植物は何十万種も発見されているのですが、かわいた気候なので、もともと生育している数が少ないのです。たとえばサボテンは今、生存の危機にあります。それは、違法な種や植物の採集によって、植物の生息できる土地があらされたり、数がへって絶滅の危機に立たされたりしているのです。

　北アメリカで野生のサボテンの分布が、ここ25年間で95％もへってしまっています。種によっては、野生で生きている植物は、わずか50株ほどにしかすぎません。生息地がこわされていて、いくつかの種は1㎢のかぎられた土地だけで生育しているのです。

　プラントハンターたちは、サボテンのうちでも絶滅寸前のまれな種をさがし出そうとします。それは、高く売れるからです。

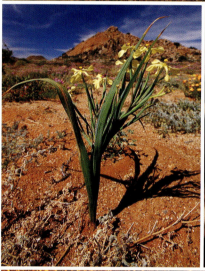

43

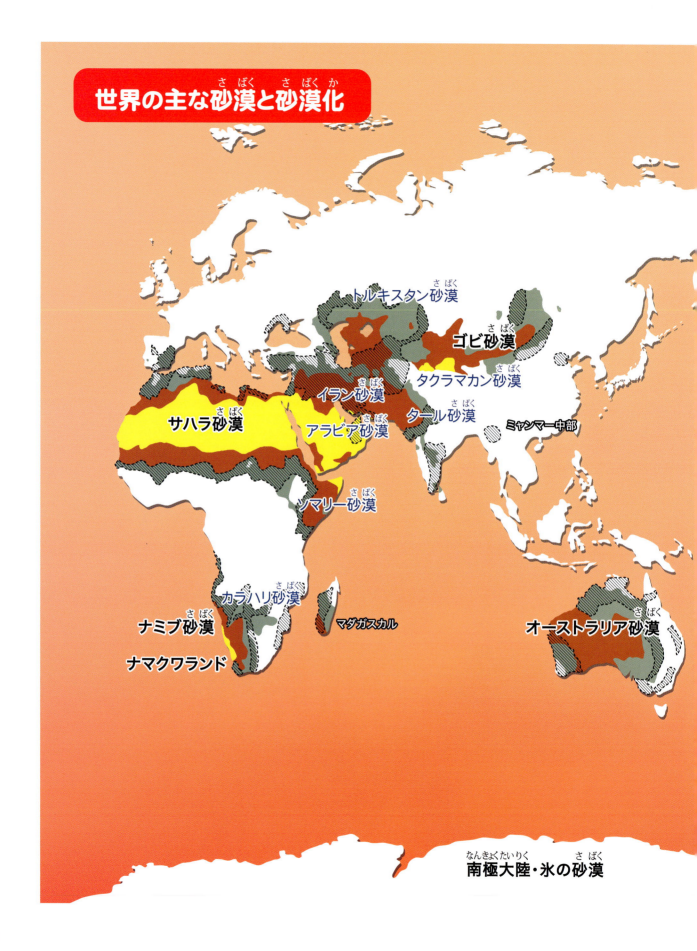

あとがき ── みんなつながりを持って生きています

サハラ砂漠を車で走っていると、砂丘の間にとつじょ緑の木立が見えてきました。オアシスです。ここには水があり、人や家畜の命を守る泉です。

オアシスの中に足をふみ入れると、気温が少しひくく感じられます。そしておどろきの世界が目の前に広がりました。砂漠にかこまれたこの土地に、たくさんの植物が育ち、畑までつくられていたのです。オアシスの中心を流れる水路の両側に50mほどのはばで畑が広がり、1日1回時間を決め、水を村人みんなで分け合っていました。

しかし今、オアシスのある砂漠の村では人口がふえて、おおぜいの観光客がおとずれるようになりました。それによって、オアシスのかぎられた水がなくなりそうなのです。またオアシスやまわりにある貴重な植物が、家畜のエサや燃料のために次つぎと切られています。そのかわりに、プラスチックなどの自然にかえらないごみが、大量にすてられているのです。

紀元前7000年から600年にかけて、地球の人口は500万〜1000万人ほどだったのが、1960年には30億となり、2017年は76億になってしまいました。このままふえつづけていけば、2050年に98億になるといわれています。98億の人が食べる食料は、どこから持ってくるのですか。人を食べさせるために、海からもっと多くの魚をつかまえるにちがいありません。しかし、もうすでに魚がとりつくされた海が、世界中にたくさんあります。さらに原生の森をどんどん切りたおし、畑や牧場にかえていかなければ、人の食料がたりなくなるでしょう。このかげで、数えきれない野生の動物や植物が絶滅していってしまい、野生動物とは動物園でしか合えない未来になってしまうかもしれません。

地球は水の惑星です。海は地球の表面の71%をしめていて、海から生まれた雨雲のおかげで、陸に森が誕生しています。またつめたい海流は、大陸に砂漠を誕生させています。そうやって、海も森も砂漠も、みんなつながりを持って生きているのです。

人は未来に、どんな地球をのこしたいのでしょう。たくさんの種類の野生動物や植物がくらせなくなった森や、汚染が進みプラスチックスープのような海が、のこしたい地球なのでしょうか。砂漠化が進んだ地球に、人びとの幸せがあるのでしょうか。

人は国境をこえてみんなの力を合わせて、できるだけ早く、地球の温暖化や環境破壊の解決にとりくむべきです。一人ひとりも、できることから始めましょう。未来の世代に、美しい地球をのこすためにも。

さくいん

【あ】

アウトバック……………………20
アタカマ砂漠…………………15, 24, 33, 45
雨陰砂漠……………………5, 31
アルガン・ツリー……………13
オーストラリア砂漠…………20, 44
オーストラリアの白い砂漠……23

【か】

かこう岩………………………7, 23
カマンチャカ…………………15, 33
ガラパゴストマト………………41
岩石砂漠………………………6, 24, 25, 30
乾燥地…………………………4, 45
極乾燥地………………………4, 45
氷の砂漠………………………6, 44
ゴビ砂漠………………………27, 28, 44

【さ】

砂漠化………………28, 29, 34～37, 39～41, 44, 45
サハラ砂漠……………………29, 30, 33, 35
サヘル…………………………29, 35
塩の害…………………………24, 38, 41
塩の湖…………………………11, 20
浸食……………………………37, 39, 40
スーパーブルーム………………18
砂砂漠…………………………6, 24, 29
石英……………………………7, 23
石灰岩…………………………7, 23
ソルト・パン……………………11

【た】

大陸内部砂漠……………………5

地球温暖化（温暖化）……14, 27, 34, 35, 36
土砂漠…………………………6, 13
低温砂漠………………………6
デスヴァレー…………………18, 45
点てきかんがい…………………41

【な】

ナマクワランド…………………24, 38, 44
ナミブ砂漠……………………24, 44
南極……………………5, 6, 15, 20, 29, 44
熱帯雨林………………………34, 36, 39

【は】

バーバリーマカク…………12
パタゴニア砂漠…………………31, 32, 45
半乾燥地…………………4, 21, 27, 28, 35, 45
風化作用………………………6
風もん（砂れん）…………7
プラヤ…………………………11, 18
プラントハンター…………42
北極……………………………5, 36

【ま】

マダガスカル……………………40, 44

【や】

ヤギ……………………………13, 24, 27, 37

【ら】

ラクダ…………………………27, 29, 30
冷涼海岸砂漠……………5
れき砂漠………………………6, 29
ロマス…………………………15, 16

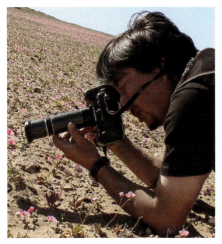
南米アタカマ砂漠にて

藤原幸一（ふじわら こういち）

生物ジャーナリスト、写真家、作家。
ネイチャーズ・プラネット代表。学習院女子大学・特別総合科目「環境問題」講師。秋田県生まれ。日本とオーストラリアの大学・大学院で生物学を学ぶ。その後、野生生物の生態や環境に視点をおいて、世界中を訪れている。日本テレビ『天才!志村どうぶつ園』監修や『動物惑星』ナビゲーター、『世界一受けたい授業』生物先生。NHK『視点・論点』、『アーカイブス』、TBS『情熱大陸』、テレビ朝日『素敵な宇宙船地球号』などに出演。
おもな著書に『環境破壊図鑑』『南極がこわれる』『マダガスカルがこわれる』（第29回厚生労働省児童福祉文化財／以上、ポプラ社）、『きせきのお花畑』『ぞうのなみだ ひとのなみだ』『ペンギンかぞくとおそろしい山』（第29回読書感想画中央コンクール指定図書／以上、アリス館）、『こわれる森 ハチドリのねがい』（PHP研究所）、『PENGUINS』（講談社）、『おしり?』『びゅ～んびょ～ん』（新日本出版社）、『ヒートアイランドの虫たち』（第47回夏休みの本、あかね書房）、『ちいさな鳥の地球たび』（第45回夏休みの本）、『ガラパゴスに木を植える』（第26回読書感想画中央コンクール指定図書／以上、岩崎書店）、『森の顔さがし』（そうえん社）、『えんとつと北極のシロクマ』（少年写真新聞社）などがある。

NATURE'S PLANET　http://www.natures-planet.com

地球の危機をさけぶ生きものたち❸

砂漠が泣いている

2018年3月10日　初版第1刷発行

著　　者	藤原幸一
デザイン	三村 淳
協　　力	有井美如（ネイチャーズ・プラネット）
発行人	松本 恒
発行所	株式会社 少年写真新聞社
	〒102-8232
	東京都千代田区九段南4-7-16 市ヶ谷KTビルI
	TEL：03-3264-2624　FAX：03-5276-7785
	URL http://www.schoolpress.co.jp/
印刷所	凸版印刷株式会社
	PD　十文字義美（凸版印刷株式会社）

イラスト：小野寺ハルカ　校正：石井理抄子　編集：山本敏之／河野英人

© Fujiwara Koichi 2018　Printed in Japan
ISBN978-4-87981-626-9　C8645　NDC468

本書を無断で複写、複製、転載、デジタルデータ化することを禁じます。
乱丁・落丁本はお取り替えいたします。定価はカバーに表示してあります。

● 主な参考文献
藤原幸一(2002)『ペンギンガイドブック』
阪急コミュニケーションズ
Newton 1985年7月号
United Nations, The Determinants and Consequences of Population Trends, Vol.1, 1973
United Nations, World Population Prospects: The 2004 Revision

● 主な参考WEB
Australian GEOGRAPHIC
http://www.australiangeographic.com.au/
Death Valley National Park　https://www.nps.gov/deva/index.htm
DESERT ROAD TRIPPIN
https://www.desertusa.com/dusablog/cactus-wrangling.html
Fundación Charles Darwin　http://www.darwinfoundation.org/es/
Global News View　http://globalnewsview.org/
国際協力機構 (JICA)　https://www.jica.go.jp/
国際連合食糧農業機関 (FAO)　http://www.fao.org/home/en/
国立研究開発法人 国際農林水産業研究センター（JIRCAS）
https://www.jircas.go.jp/ja/program/program_d/blog/20170626
The IUCN Red List of Threatened Species
http://www.iucnredlist.org/
Mist-catchers in the coastal boarder of the Atacama Desert
http://dry-net.org/initiatives/mist-catchers-in-the-coastal-boarder-of-the-atacama-desert/
Dirección del Parque Nacional Galápagos
http://www.galapagos.gob.ec/
Trapping humidity out of fog in Chile
http://www.bbc.com/news/world-latin-america-32515558
鳥取大学乾燥地研究センター
http://www.alrc.tottori-u.ac.jp/japanese/
United Nations Environment Programme (UNEP)
http://www.unep.org/
U.S. Department of Agriculture (USDA)　https://www.usda.gov/
WWF Global　http://wwf.panda.org/